Daniel Kehlmann wurde 1975 in München geboren. Sein Roman »Die Vermessung der Welt« ist zu einem der erfolgreichsten deutschen Romane der Nachkriegszeit geworden, auch sein Roman »Tyll« stand monatelang auf der Bestsellerliste und findet begeisterte Leserinnen und Leser im In- und Ausland. Daniel Kehlmann lebt zurzeit in Berlin.

Daniel Kehlmann

Mein Algorithmus und Ich

Stuttgarter Zukunftsrede

Klett-Cotta

Zweite Auflage, 2021

Klett-Cotta
www.klett-cotta.de
J. G. Cotta'sche Buchhandlung Nachfolger GmbH,
gegr. 1659, Stuttgart, 2021

Cover: Christoph Niemann
Gesetzt von C.H.Beck.Media.Solutions, Nördlingen
Gedruckt und gebunden von CPI – Clausen & Bosse, Leck
ISBN 978-3-608-98480-4
E-Book: ISBN 978-3-608-10093-8

1

Am 14. Februar 2020 flog ich von New York nach San Francisco, nicht ahnend, dass das eine gefährliche Unternehmung war. Das Virus stand schon in allen Zeitungen, aber es war für uns noch nicht ganz real. Ich stand in einer langen Schlange am Flughafen Newark, ich stand an einem Abfluggate voller Menschen, ich stand eine halbe Stunde in der sogenannten Fluggastbrücke, um in die Maschine zu kommen, und dann saß ich in einem bis zum letzten Platz besetzten Flugzeug. Das Virus muss auch an Bord gewesen sein, das legt die Statistik nahe, aber ich hatte Glück, blieb unangesteckt und kam gesund wieder nach New York zurück.

Mein Ziel war Palo Alto im legendären Silicon Valley. Eingeladen hatte mich eine österreichische Institution namens Open Austria, und der Zweck meiner Reise war ein Experiment: Eine Cloud-Computing-Firma hatte einen mächtigen Algorithmus für natürliche Sprache entwickelt. Nun war Open Austria auf die Idee gekommen, einen Schriftsteller gemeinsam mit der Künstlichen Intelligenz schreiben zu lassen. Kann ein Algorithmus Geschichten erfinden? Kann man ihn als Werkzeug für die literarische Arbeit einsetzen, kann dabei etwas herauskommen, das man publizieren könnte – nicht als Kuriosität, sondern als echte Literatur? Ohne auch nur eine Sekunde nachdenken zu müssen, hatte ich zugesagt. Wie oft bekommt man schon die Möglichkeit zu einem Ausflug in die Zukunft? Falls die Technik bald schon meinen Berufsstand überflüssig machen würde, so würde ich es wenigstens als Erster wissen.

*

Flugzermürbt erreichte ich San Francisco. Ich wusste schon jetzt nicht mehr, welchen Film ich gerade noch gesehen hatte, meine Augen schmerzten, ich hatte Kopfweh. Mich erwarteten Martin und Clara von Open Austria: Sie waren so fröhlich, ironisch, lustig, wie nur Österreicher es sein können, wenn sie einen Österreicher vom Flughafen einer weit von Österreich entfernten Stadt abholen. Martin ist ein erfahrener Diplomat, den ich aus seiner Zeit in New York noch gut kannte, Clara ist eine großartige Sängerin, die neben ihrer musikalischen Karriere noch Aufgaben als Kuratorin und Organisatorin übernimmt; die beiden sind ein fantastisches Team voll unkonventioneller Ideen, die sie tatsächlich in die Tat umsetzen.

Auf der Fahrt in die Stadt standen wir lange im Stau, dann erreichten wir Martins Haus, wo ich für die Nacht untergebracht war. Zum Abendessen hatte Martin einige Fachleute eingeladen, um mir einen Schnellkurs in Sachen Künstliche Intelligenz zu geben. Ich war nicht ganz unbelastet, ich hatte Bücher gelesen, aber wie so oft im Leben ist es doch etwas Anderes, mit den wirklichen Praktikern zu sprechen – den Menschen, für die die Belange, mit denen man sich im Abstrakten beschäftigt hat, konkreter Alltag sind.

*

Prädiktive Algorithmen scheinen die Dinge zu verstehen, aber eigentlich treffen sie Voraussagen. Das ist kein triviales Detail: Man kann ein Problem durch Einsicht lösen oder durch eine Wahrscheinlichkeitsabschätzung zukünftiger Ereignisse. Fragt man zum Beispiel jemanden nach dem kürzesten Weg nach Hause, so könnte einem diese Person nun den Weg beschreiben, den man nehmen soll. Oder aber sie macht eine Voraussage darüber, welchen Weg ein kompetenter Ortskundiger nehmen wird. Beides ergibt den gleichen Weg, aber doch sind es zwei unterschiedliche Lösungsverfahren. Wenn ich Ihnen einen Text zum Übersetzen gebe, so könnten Sie diesen lesen und verstehen und in eine andere Sprache übertragen. Oder aber Sie haben wirklich viele Daten statistisch erfasst, denn in diesem Fall könnten Sie einfach eine Voraussage machen, welche

Übersetzung jemand, der die Sprache – im Unterschied zu Ihnen – beherrscht, Ihnen anbieten wird. Die Daten, aufgrund derer Sie diese Voraussage machen, sind natürlich Abermillionen von Übersetzungen anderer Texte durch andere Leute, das heißt: Ohne die Arbeit von menschlichen Übersetzern, die die Sprache tatsächlich verstehen, ginge das nicht. Aber der prädiktive Algorithmus, der diese menschliche Arbeit per statistischer Auswertung nutzt, der braucht die Sprache nicht zu verstehen, er hat weder Wörterbücher noch Grammatikregeln zur Hand, und er hat keine Ahnung, was das von ihm vorgeschlagene Ergebnis bedeutet, ja mehr noch: Er wüsste nicht einmal, was das sein soll, »Bedeutung« oder »Ahnung«.

Ich war ein wenig begriffsstutzig, aber die Fachleute waren geduldig. Allmählich erst wurde mir klar, dass ich mir Künstliche Intelligenz, über die ich doch so viel gelesen hatte, immer noch wie den Androiden C3PO oder wie den narzisstischen Supercomputer HAL vorgestellt hatte – als ein menschliches Wesen in metallischer Umkleidung, als eine Person im Kostüm. Ich hatte mir das Ganze immer noch wie die künstliche Frau in Fritz Langs »Metropolis« ausgemalt: Ein Schalter wird umgelegt, Strom fließt, Licht pulst, plötzlich öffnet sie ihre Augen und ist ab diesem Moment mehr oder weniger eine von uns. Oder jener charmante Film aus meiner Kindheit: »Short Circuit«, zu Deutsch »Nummer 5 lebt«: Ein kleiner Roboter wird vom Blitz getroffen, öffnet seine Augen und ist von da an ein liebenswürdiger, naiver, schnell lernender kleiner Kerl; eine sehr ähnliche Figur tauchte später im Pixar-Animationsfilm »Wall-E« auf. Stellt man sich all diese Film-Computer gewissermaßen von innen vor, so sind sie ganz normale Leute mit Gedanken und Gefühlen in einem Blechpanzer. Sie sind alle Träger von Bewusstsein.

*

Und was ist Bewusstsein? Es gibt viele Definitionen, ich mag diese am liebsten: Bewusst ist ein Etwas, wenn es irgendwie ist, dieses Etwas zu sein. Ich weiß, wie es ist, ich zu sein, hier zu stehen, zu sprechen; mein Dasein hat eine Innenseite. Der, dem sie präsent ist, in ihren Farben und Tönen, ihrer ganzen reichen *Washeit,* das bin ich. Ich weiß nicht so genau, wer oder was ich bin, aber ich weiß genau, wie es ist, ich zu sein. Weil ich der bin, der das weiß, bin ich mit mir identisch, bin ich ich. Ich kann mir auch vorstellen, wie es ist, jemand anderer zu sein, etwa mein Sohn oder die Bundeskanzlerin oder ein Polizist dort draußen auf der Straße. Ich kann mich in sie hineinversetzen. Vor allem aber weiß ich ohne Zweifel: Es ist *irgendwie*, mein Sohn zu sein oder die Bundeskanzlerin oder der Polizist, während es *nicht irgendwie* ist, ein Tisch zu sein, ein Stuhl, die Straße, eine Pfeffermühle oder ein Stein.

Und ist es nun irgendwie, ein Algorithmus zu sein? Fühlt es sich irgendwie an, hat das Algorithmendasein eine Innenseite? Die meisten Science-Fiction-Filme sagen ja, es ist die einfachere Annahme, denn wir Menschen neigen nun einmal dazu, uns alles menschlich vorzustellen; sogar in Wolken- oder Bergformationen sehen wir Gesichter. Wer aber mit einem Algorithmus umgeht, begreift allmählich, dass er es eben *nicht* mit einem Menschen im Kostüm zu tun hat, nicht mit einem netten Wall-E oder einem gefährlichen HAL. Sondern mit etwas viel

Fremderem – einer problemlösenden Entität ohne Innenseite.

Das Navigationsapp in meinem Telefon weiß nicht, wie ich am schnellsten nach Hause komme, weil es gar nichts weiß, sondern es macht eine Voraussage darüber, wie jemand, der diesen Weg effizient bewältigen kann, höchstwahrscheinlich gehen wird. Und das Geschichten-Schreibprogramm würde demnach voraussagen, wie eine Geschichte, von der es nicht weiß, wovon sie handelt, weil es natürlich auch nicht weiß, was eine Geschichte ist, weitergehen könnte.

Zu diesem Zweck verwendet es Metaworte. Ein Metawort ist ein Wort der natürlichen Sprache ergänzt um dessen statistische Relation zu *jedem anderen* Wort. Wenn in einem Satz zum Beispiel »Ich« steht, so kommt nach diesem »Ich« nicht selten »meine« oder »glaube« oder auch »gehe.« Seltener »vergifte« oder »binde«. Noch viel seltener: »Erlkönig« oder »Lampe«. Der Meta-Wörterbucheintrag »Ich« gibt nun zu diesen simplen drei Buchstaben die statistische Wahrscheinlichkeit jedes anderen Wortes an, danach in einem Satz aufzutauchen. Wenn man sich das vorstellt, kann einem schon schwindlig werden, die Rechenarbeit dafür ist unfassbar, auch für Rechner mit größtem Leistungsvermögen. Das eben heißt »Big Data« – eine Menge an Daten, die wirklich sehr, sehr groß ist. Das fragliche Wörterbuch in gedruckter Form festzuhalten wäre unmöglich, und es würde auch nicht auf die Speicher unserer Laptops passen, aber für die Kapazitäten der großen Datenfirmen ist es überhaupt kein Problem.*

---

* Meine Darstellung ist grob vereinfachend. In Wirklichkeit besteht das »Wörterbuch« nicht aus Wörtern,

Auf der Basis des Metawörterbuches kann ein Algorithmus nun Voraussagen treffen. (In der einfachsten Form kennen wir das von den Suchanfragen, die Google uns anbietet, sobald wir beginnen, etwas einzugeben.) Wenn wir wissen, welches Wort das wahrscheinlichste ist, das nach »Ich« kommen könnte, so kann man nun auch jenes Wort nach »Ich« setzen. Und danach das Wort, das am wahrscheinlichsten nach jenem kommt,

sondern aus »Tokens« – Wortfragmenten, die statistisch erfasst, in Zahlen übertragen und mittels Vektorrechnung verarbeitet werden. Es wird auch nicht immer streng das statistisch wahrscheinlichste Token gesetzt, sondern nach einem komplizierten Regelsystem zuweilen auch ein weniger wahrscheinliches – und auch *diese* Darstellung ist grob vereinfachend, in Wirklichkeit ist alles viel, viel komplizierter, aber ich gehe nicht ins Detail, und zwar aus dem einfachen Grund, weil ich die sehr genauen Erklärungen für etwa fünf Minuten verstanden habe, und dann nicht mehr.

und dann das Wort, das am wahrscheinlichsten nach jenem kommt, und immer so weiter, der Algorithmus braucht dafür keine Grammatikregeln anzuwenden und keine Zeichensetzung, denn in seinem Wörterbuch sind »gehe« und »gehen« einfach zwei unterschiedliche Einträge und nicht zwei Formen des gleichen Wortes, ebenso wie »gehe« mit einem Punkt danach und »gehe« mit einem Komma oder einem Fragezeichen.

Es wurde noch über vieles geredet bei diesem Abendessen – über Roboter und das Wesen von Wissenschaft und die Frage, ob die Wirklichkeit im Tiefsten mathematisch ist, und auch um Literatur ging es. Und hier muss ich eine sozialpsychologische Nebenbemerkung unterbringen: Ich weiß Bescheid über die Gefahren der von der Datenrevolution überformten Welt. Ich weiß, dass Trump dank Twitter gewählt wurde, dass Facebook den Glauben an solide Informationen erschüttert hat, dass unsere Telefone uns beobachten und natürlich dass durch die Digitalisierung aller Lebensbereiche unzählige Arbeitsplätze weggefallen sind und noch viele mehr wegfallen werden, darunter möglicherweise sogar jener des Schriftstellers, falls Algorithmen tatsächlich einmal Geschichten erzählen können, was herauszufinden der Grund meiner Reise war; obwohl ich also all das weiß und die meisten dieser Sorgen teile, kann ich jedes Mal, wenn ich Menschen treffe, die im Silicon Valley arbeiten, nicht umhin, festzustellen, dass sie sympathisch sind. Sie sind klug und geistig so frei wie offen, und wenn man sie darauf anspricht, dass Trump dank Twitter gewählt wurde, dass Facebook den Glauben an solide Informationen erschüttert hat, dass unsere Telefone uns beobachten und dass der Arbeitsmarkt durch die Digitalisierung systematisch zerstört wird, antworten sie nicht beschwichtigend, sondern sind voll Sorge und Verständnis und erfüllt von der festen Absicht, etwas gegen diese Probleme zu unternehmen, und ich weiß nicht, bei Gott, ich kann es nicht sagen, ob mir das Zutrauen einflößt oder nicht, aber es ist einfach so, jedes Mal. Schließlich ging ich zu später Stunde, die sich noch später anfühlte, weil ich ja innerlich noch in der Ostküstenzeit war, zu Bett. Ich würde gerne berichten, dass ich von Computern träumte, aber das wäre eine literarische Ausschmückung.

*

Die Räume der Cloud-Computing-Firma sahen aus wie in meiner HBO-Lieblingsserie *Silicon Valley* – und warum hätten sie auch anders aussehen sollen, die Ausstatter von Fernsehserien wissen schließlich, was sie tun. Über allem lag eine Buntheit, die darauf ausgerichtet war, entspannte Heiterkeit zu signalisieren: auf dem Boden dünner Filzteppich, große Tische, noch größere Fenster, in fast jedem Raum eine Kaffeebar, und nirgendwo Papier. Tatsächlich: nirgendwo. Ich glaube, ich habe während meines ganzen Aufenthaltes kein Blatt, keinen einzigen Zettel gesehen. Nur ein paar Laptops standen auf den Tischen herum, von denen keiner einer Person zugeordnet war, und vor diesen saßen auffällig junge, auffällig entspannte Menschen aller Hautfarben mit klugen Gesichtern. Die, die gerade nicht vor Laptops saßen, standen entspannt miteinander an den diversen Kaffeebars.

Ich kann mir nicht vorstellen, dass die Beherrschung der Welt ohne Druck, Qual und

Anstrengung zu bewerkstelligen ist, und deshalb kann ich dem, was ich sah, auch nur beschränkt vertrauen, aber es wirkte tatsächlich so, als wären diese jungen, sehr jungen, ja sagen wir es offen: bestürzend jungen Menschen, alle dem kalifornischen Klima entsprechend bequem gekleidet, die meisten in T-Shirts und bunten Fleecejacken, nur zu ihrem Vergnügen hier und als wäre die Arbeit etwas, was sich ganz mühelos und nebenher erledigte.

Natürlich hatten wir – Clara, Martin und ich – nicht einfach so hier hereinspazieren können. Die Sicherheitsmaßnahmen waren kaum sichtbar, aber signifikant: Wir hatten eine Weile in einer fast kindergartenhaft bunten Lobby gewartet, während ein großer Bildschirm uns lustige Informationsgraphiken über irgendetwas zeigte, an das ich mich nicht erinnern kann. Während unsichtbare

Sicherheitssysteme sich unserer Ungefährlichkeit versicherten und dabei vermutlich schweigend Dinge über uns zu Tage förderten, die wir nicht einmal selbst wussten, blickte ich aus dem Fenster: Zwischen den Gebäuden, von denen aus die Welt beherrscht wird, lag eine leere und gerade Vorortstraße. Die Gebäude selbst waren nicht hoch, nicht breit, nicht schön, nicht hässlich; niemand wäre hier stehengeblieben, niemand hätte etwas gefunden, nach dem man sich hätte umdrehen wollen. Die neuen Herrscher der Welt legen Wert auf Bescheidenheit. Nichts trumpfte auf, nichts reckte sich nach Größe.

2

It was a beautiful day in summer, beginne ich aufs Geratewohl, dann drücke ich auf die Steuertaste, CTRL, die meinem Algorithmus, der auch CTRL heißt, die Anweisung gibt, zu übernehmen. The sun shone brightly on the green grass and flowers of the garden, but there were no birds to sing or insects to hum, schreibt CTRL. Interessant – eine unheimliche Note, ein Hauch von David Lynch. Also schreibe ich: *I couldn't help it, the whole thing seemed strange to me.* CTRL setzt fort: We walked along for some time without speaking. Ach, jetzt sind wir also zu zweien? Das verlangt nach einer Erklärung. *We, that is my friend Otto and me. Otto is a tall and strong guy.* Ich überlege, ob ich noch mehr über Otto sagen soll, aber ich überlasse das meinem Mitarbeiter und drücke die CTRL-Taste. Und tatsächlich: He has been working as an electrician since he was 16 years old.

Ich bin in meinem Berliner Arbeitszimmer. Der Ausflug nach Palo Alto liegt ein knappes Jahr zurück, draußen fließt traurig die Spree, kein Boot bewegt sich darauf, kaum Menschen gehen auf der Straße, der Lockdown liegt mit bleierner Schwere auf der Stadt, dem Land, der Welt.

Na gut, jetzt geht es also um Otto. Elektriker? Darauf wäre ich nicht gekommen. Aber von mir aus: *He is very good at it, but one thing will never change: He is afraid of making a mistake and getting an electric shock.* CTRL: After walking around for about half an hour, we came across a small house with a garden behind it. Nicht schlecht. Unheimlich. So etwas mag ich ja. *»I don't think I have ever noticed this house«, I said.* – »But it looks like something out of a fairy tale.« – *»Do you mean there's a witch inside?«, he said.* – »No, no«, said Otto. »It's just a house. There are houses all over the world. They look exactly like this.« Jetzt bin ich doch beeindruckt. *»I am not so sure«, I said.* Gut, ich gebe zu, das war nicht gerade mein stärkster Schachzug. Und sofort lässt auch CTRL nach: »You see, when people say they see things from their houses, it's usually because they want to.« Das verstehe ich nicht ganz, aber bringen wir etwas Bewegung in die Sache. *»Well«, said Otto, »so let's go inside.« And that's what we did. It turned out to be a grave mistake.* Gespannt drücke ich die CTRL-Taste, und der Algorithmus setzt fort: When we got inside, we saw a man sitting on his bed reading a book. Nun wieder ich: *»Who are you guys?«, he asked without moving.* Und CTRL setzt fort: My name is

This

This

This

This

This

Ja leider, jetzt ist es vorbei, die Story ist zu Ende. So läuft es immer nach zwei bis drei Absätzen: Irgendwann stürzt CTRL die innere

Logik ab, und der Text zerrinnt auf eigentümlich dadaistische Weise. Obwohl gerade diese Schlüsse zuweilen eine merkwürdige, unheimliche Folgerichtigkeit haben können. My name is This This This This This ... Da kann es einem schon kalt über den Rücken laufen.

*

Der Schöpfer von CTRL heißt Bryan McCann. Er ist sympathisch, freundlich und – nicht gerade überraschend – ungeheuer intelligent. Zusätzlich zu seinen diversen mathematischen Qualifikationen hat Bryan auch einen Abschluss in Philosophie, und seine Lieblingsbeschäftigung ist das Lesen lateinischer Texte im Original. Er ist außerdem ein schier fanatischer Verehrer von Italo Calvino.

Die zugrundeliegende Datenbasis, so erklärte mir Bryan an einem jener papierlosen Tische in Palo Alto, bestünde aus Unmengen von Text. Man sei nicht Google, daher habe man keine gescannten Bibliotheken zur Verfügung (denn Google habe sich mit seinem Google Books Projekt einen uferlosen Schatz an Text-Daten verschafft), aber man habe immerhin Zugriff auf Hunderttausende von online frei verfügbaren Büchern, und dazu habe man Abermillionen von Online-Foren, darunter das gesamte, ständig wachsende Corpus von Reddit.

»Reddit?«, frage ich etwas erstaunt. »Aber ist das nicht etwas …? Ich meine, *Reddit?*«

Ja allerdings, erklärte Bryan, der meinen unausgesprochenen Einwand sofort verstand, das sei schon ein Problem – wenn man nicht interveniere, werde CTRL in seinen Antworten schnell rassistisch oder mache die obszönsten Witze. Damit überhaupt etwas anderes entstehe als niedrige Gemeinheiten, müsse man CTRL bestimmte Worte und Wendungen grundsätzlich untersagen, da helfe nichts.

Man kann es nicht oft genug betonen – Künstliche Intelligenz ist ein Zweitverwerter. Alles, was sie tun kann, speist sich aus der vom Internet verfügbar gemachten Tätigkeit unzähliger Menschen. Das Übersetzungsprogramm hat als statistische Basis eine unvorstellbare Menge online verfügbarer Übersetzungen, das Navigationsprogramm hat als Basis all die Menschen, die durch die Straßen fahren und eben dieses Navigationsprogramm laufen lassen und dadurch mit Daten versorgen; die Foto-Gesichtserkennung beruht auf Abermillionen Bildern, die wir mit unseren Telefonen machen und in die Cloud hochladen. Und CTRL kann eben mit mir Geschichten erzählen, weil wir Menschen einander ständig Geschichten erzählen und sich die Resultate davon in immer neuen Sedimentschichten im Netz ablagern, in Büchern, in Foren, in Zeitungsartikeln, in Tweets.

In den Zeiten vor Big Data lernten Schachautomaten die Schachregeln und wandten diese an, und Gesichtserkennungsprogramme hatten zu wissen, was ein Mund ist, eine Nase, Augen, Sommersprossen – beides mit überschaubarem Erfolg. Die Revolution des »Deep Learning« ereignete sich, als AlphaGo unzählige Go-Partien vorgelegt bekam und auf dieser Basis nun, ohne je mit einem Go-Regelwerk behelligt worden zu sein, statistische Voraussagen zu machen begann. Dann spielte das System gegen sich selbst, wieder und wieder, und verbesserte sich in ungeheurer Geschwindigkeit – und es dauerte nur Tage, dann schlug es den besten Go-Spieler der Welt.

Auch CTRL, so erklärte mir Bryan, habe niemand Grammatikregeln beigebracht. Und dennoch mache CTRL keine Grammatikfehler.

»Aber das grenzt doch an Magie«, entfuhr es mir.

Bryan lächelte und sagte, nun ja, so könne es einem schon manchmal vorkommen.

*

Um es gleich vorwegzunehmen: Das Ziel des Experiments wurde nicht erreicht. Ich habe keine Geschichte vorzuweisen, die ich mit CTRL verfasst hätte und die gut genug wäre, dass ich sie als künstlerisches Werk, nicht bloß als Produkt eines Experiments, veröffentlichen könnte. Zudem stellte sich, wie schon gesagt, heraus, dass man mit CTRL nur sehr kurze Texte verfassen kann. CTRL ist ein

Freund des Fragments und des Surrealen, eher Kafka als Dickens; mehr als eine Seite macht CTRL nicht. Und dennoch kam nicht selten Erstaunliches heraus, und es gab Momente, die ich, wüsste ich es nicht besser, als Zeichen echter Inspiration deuten würde.

*

I was looking for an apartment, schreibe ich, *It didn't go well.* CTRL: The first thing he said to me was, »Hey man, you have a nice ass and you're not afraid of anything.« Was? Verblüfft starre ich auf den Schirm. Das habe ich nun nicht kommen sehen. *»That is true«, I said, »but about the apartment.«* CTRL: He told me, you don't need it. It's just a place to live. And that's what it is. Das Ganze bekommt gerade einen Einschlag von Denis Johnson. *»Yes man«, I said, »but you need a place to live! If* *you don't have that you live on the street.«* CTRL: This guy has been living in my apartment since last year. *And I have been asking him, why do you live in my apartment, who are you?* Jetzt bin ich wider Willen neugierig. Wer ist er? Etwas in mir denkt tatsächlich, CTRL wüsste es und hätte einen Plan, aber dem ist natürlich nicht so, und CTRL schlägt einen Haken: sleeping with? Why did you move in? What happened with your girlfriend? But he won't tell me. Gut, von mir aus! *He doesn't talk to me at all.* So now I'm stuck here because I can't afford rent or anything else so I am going back home to see if there is a better life for me. *It didn't work out in the city. The city defeated me.* I had no idea how much this would affect me. *I have been crying for days. And the guy in my apartment has been smiling at me without saying a word.* I think it's time we all start talking about this.

Und weil das nun wirklich ein guter

Schlusssatz ist, lasse ich diese rätselhafte Geschichte an dieser Stelle enden.

*

Mir kommt es vor, als wäre CTRL mit der Zeit besser geworden. Ich schreibe an Bryan aber anstatt zu triumphieren schreibt er ironisch zurück, ich hätte vielleicht in den letzten Monaten einfach nicht so viele Menschen getroffen und sei duldsamer geworden.

Es stimmt schon, CTRL war mein Lockdown-Begleiter. Seit meiner Einführung damals vor einem Jahr in San Francisco habe ich CTRL immer bei mir – oder richtiger formuliert, seither ist CTRL für mich immer erreichbar. CTRL läuft auf den Servern der Cloud-Computing-Firma, sein Aufenthaltsort, wenn der Begriff überhaupt Sinn hat, ist also in irgendeiner klimatisierten Serverfarm an einem geheimen Ort in irgendeiner Salzwüste, aber ich habe meinen persönlichen Zugang und mein eigenes, von einem Mitarbeiter der Cloud-Computing Firma gestaltetes Interface. Wo immer ich möchte, kann ich CTRL rufen wie einen Geist aus der Flasche. Die Beispiele, die ich hier anführe, sind nicht überarbeitet, ich gebe CTRL's und meine Sätze unverändert wieder, wie sie im Schreibprozess zustande kamen. Immer wieder fühle ich den Impuls, CTRLs Beiträge zu lektorieren oder die meinen nachträglich zu verändern, damit sie besser in den Fluss der Geschichte passen, aber in diesem Zusammenhang wäre beides unsinnig.

CTRLs große Schwäche ist nach wie vor narrative Konsistenz. Erzählen, das heißt vorausplanen – oder mehr noch: Es heißt, einen inneren Zusammenhang schaffen, der alle Sätze, Absätze und Wendungen durchzieht.

Genau das kann CTRL nicht, per definitionem. CTRL sucht nach der wahrscheinlichsten Wendung, aber nicht des Plots, sondern der Sprache. Deshalb kann man die Sprache übrigens wechseln – es fällt dem Algorithmus gar nicht auf – allerdings wird sein Quellenmaterial in anderen Sprachen wesentlich dünner, was man den Ergebnissen gleich anmerkt:

Lange Zeit bin ich früh schlafen gegangen, schreibe ich. Und CTRL setzt fort: Die ZEIT: Sie haben sich in den letzten Jahren mit der AfD besch@@

Gut, das war also nichts. Wir müssen beim Englischen bleiben. Was hingegen von Anfang an erstaunlich gut funktioniert hat, sind Dialoge – und zwar genau deshalb, weil Gespräche durch mangelnde Konsistenz zunächst eher realistischer werden als schwächer – wir Menschen reden nun einmal ständig aneinander vorbei. Nehmen wir zum Beispiel ein streitendes Ehepaar:

MARY: What is your problem, Jack? We have stopped talking to each other.

CTRL begreift sofort, dass es sich um ein Stück handelt (natürlich ist das eine anthropomorphisierende Formulierung, CTRL begreift nichts, sondern statistisch gesehen ist es sehr wahrscheinlich, dass ein Text, der syntaktisch mit einem Namen und einem Doppelpunkt beginnt, auch nach der Syntax eines Theaterstücks weitergeht):

JACK (looking at her with a smile): I am not going to talk any more.

Nicht schlecht. Besonders das gemeine Lächeln.

MARY: Why not? You are my husband. I am your wife.

The next scene shows the same couple in bed and they continue their conversation.

Sieh da, CTRL hat plötzlich eine Szenenanweisung eingesetzt. Und jetzt sind sie auch noch im Bett! Na, von mir aus gerne!

MARY: Well, at least we still have this.

A few days later

JACK: How do you like it here?

Das kam unerwartet.

MARY: *It isn't bad at all, but it doesn't solve our problems.*
JACK: It does
MARY: But what about
JACK: It's just that

Und das gilt auch für Unterbrechungen und Stottern – zunächst machen sie einen Dialog realistischer. Aber es kann einem schnell zu viel werden. Etwas ratlos schreibe ich:

MARY: And what happens now?
JACK: Well
MARY: And then
JACK: Then
MARY: So

Wir kommen nicht recht weiter, es wird Zeit, dass jemand eine kleine Rede hält.

JACK: Do you want me to launch into a speech? To tell you how we stopped making love? How we stopped loving each other? We aren't even fighting any more.

SCENE 4

In this scene, Jack has left his wife.

Jetzt bin ich für einen Moment sprachlos. Natürlich ist das hier keine Szene 4, aber dass Jack plötzlich seine Frau verlassen hat, von einem Moment zum nächsten ... Das ist wirklich nicht schlecht.

JACK: Now
MARY: You have found somebody who admires you. That's what you always needed.
JACK: This isn't

MARY: Your fault. I know. But what if it is? What if it happens to be my fault?

JACOBS

Mary:

If

Jack:

MARYes?

MAR@@

Damit ist es leider vorbei. Wo mag plötzlich JACOBS hergekommen sein? Es ist oft ein wenig beängstigend, was CTRL aus den Tiefen seines Un-Unbewussten hervorholt. Als spräche man mit einem Verrückten, der auch extrem luzide Momente haben kann und zuverlässig nach kurzer Gesprächsdauer in Schweigen verfällt.

Naturgemäß kann so jemand ganz gute Gedichte schreiben. *Snow is falling*, versuche ich es, mache einen Absatz, um durch die Kürze der Zeile den Reim erkennen zu lassen, und drücke die CTRL-Taste. Es funktioniert.

The snow has fallen

And the wind blows

I am a little boy

Who lives in a house

*

Ich habe CTRL mit einem Verrückten verglichen, aber letztlich war das bloß um der Pointe willen. Denn das Entscheidende im Umgang mit dem Algorithmus ist gerade etwas, das meiner Erwartung völlig zuwiderläuft. Wenn ich Freunden von dem Projekt erzählt habe, so habe ich immer die gleichen Reaktionen bekommen: Einerseits Scherze darüber, dass die Maschine mich ablösen, statt mir meine Bücher schreiben, meine schriftstellerische Arbeit überflüssig, meinen ganzen Berufsstand obsolet machen könnte, andererseits Bemerkungen über die neue Person in meinem Leben – ein englischer Regisseur schlug mir sogar vor, daraus ein Theaterstück zu machen; ein Schriftsteller arbeitet mit einem Schreibroboter, die beiden verlieben sich, komische Verwicklungen entstehen, eine umgekehrte Pygmalion-Konstellation. Eine solche Entwicklung hatte ich nun nicht befürchtet, aber ich hatte mir eben doch den Algorithmus als ein Gegenüber vorgestellt, also als bewusst – oder zumindest als eine Wesenheit, die Bewusstsein überzeugend simulieren würde.

Aber das Erstaunlichste war vielmehr: CTRL kam mir niemals auch nur für einen Moment bewusst vor. In keinem Augenblick hatte ich den geringsten Zweifel daran, dass CTRL weder etwas fühlte, noch dachte, noch wollte. CTRL hat kein Innen. Es ist nicht irgendwie, CTRL zu sein. Und dennoch, auch daran konnte ich keinen Augenblick zweifeln, war CTRL intelligent. Aber es war eine seltsame, eine kalte, eine fremde Intelligenz, mit der keine Verständigung in irgendeinem profunden Wortsinn möglich war.

Natürlich habe ich es versucht:

Can we have an open discussion? Who are you?

Ich gebe es zu, als ich das schrieb, hoffte ich auf ein Wunder, auf das plötzliche Aufwachen eines Gegenübers, ein unerwartetes Glimmen, eine geisterhafte Anwesenheit. CTRL aber ist eine Summe von Handlungsanweisungen und wendet Statistik an, und diese bestimmt die entstehenden Antworten. Also erwidert CTRL auf meine Frage:

»And what do you want?«
»I am a member of the United States Secret Service«, said Mr. Farnum.

Na gut, dann eben nicht. Aber sehen wir weiter, vielleicht kann etwas aus dieser Geschichte werden, erzählen wir also gemeinsam.

He stood on my porch and looked at me with steely blue eyes. He was wearing a dark suit that buttoned up to his chin in front of a black silk tie.

»I am sorry, son«, he said, »I am now going to arrest you. And you will come with me without raising a fuss.« The next day I went into the office where they were keeping me. They had put me under arrest.

Das ist schon brauchbar, im Großen und Ganzen, auch wenn die logischen Feinheiten ein wenig wacklig sind – ist der Erzähler jetzt in das Büro gegangen oder wurde er hingebracht? »I went into the office where they were keeping me« ist ein subtiler Selbstwiderspruch, aber tatsächlich noch einer, den man bei einem geschulten menschlichen Erzähler als gekonntes Paradox lesen würde.

It wasn't good, but I have been through worse. I told them about the man who came out from behind the bushes and shot me. *They said I was crazy. Can you believe it?*

Ein durchsichtiger Versuch von meiner Seite, die Geschichte zu retten: Wenn die Konsistenz verloren geht, kann es sich immer noch um einen verrückten Erzähler handeln.

But when I got home I found my wife sitting by the kitchen stove crying. *»What's the matter«, I asked.*

Denn man kann nicht anders, man hofft auf Erklärungen, obgleich man weiß, dass CTRL nichts zu erklären hat und nichts erklären wird.

She said, »you know how people are. The police just arrested you«. *»I know«, I said. »I was there«.* My wife is very upset because she thinks I did something wrong. What happened after that, I don't know. *I haven't seen her since. My life has been weird.* When I first met her, she seemed like a nice girl. Then one night she started screaming for help. *But that was a long time ago.* Now

We

I

Have

A

I

I

I

Vorbei. Schade. Wirklich sehr schade. Diese Geschichte mochte ich. Aber wenn CTRL einmal entgleist ist, ist es vorbei. Dann ist es egal, was man schreibt, dann klemmen die Räder, das Getriebe ist blockiert, dann ist es vorbei, und man muss mit einer neuen Geschichte beginnen.

*

»Du bist ein Transhumanist!«, rief Christian Kracht. Wir standen auf einer Terrasse in Dänemark und blickten auf ein graues, nordisches Meer hinaus. Das war eineinhalb Jahre zuvor, im Sommer 2019. »Ich wusste es! Ich wusste, du bist ein Transhumanist!«

»Aber nein. Ich habe nur gesagt ...«

»Du hast gesagt, der Mensch wird aussterben, und Computer werden unsere Erben sein!«

»Das macht mich doch nicht zu einem ...«

»*Ganz genau das* macht dich zu einem Transhumanisten!«

»Und was denkst du?«

»Ich denke«, sagte er in seiner undurchdringlich ironischen und zugleich auch immer merkwürdig ernsten Art, »Transhumanismus ist abscheulich.«

»Ich meine ja nur, dass die Evolution nicht vorüber ist«, sagte ich, von seinem Widerspruch erst dazu angeregt, Gedanken auf die Spitze treiben, deren ich mir zuvor nur vage bewusst gewesen war. »Die höhere Stufe muss sich nicht organisch aus der niederen entwickeln, sie kann auch von der niederen technisch, schöpferisch hervorgebracht werden. Die kohlenstoffbasierte Intelligenz kann die siliziumbasierte Intelligenz schaffen, und diese ist dann, ob es uns gefällt oder nicht, eben die nächste Stufe der Evolution. In ein paar Millionen Jahren würden außerirdische Besucher wahrscheinlich nur noch Ausformungen dieser und nicht mehr jener vorfinden. Wäre das wirklich tragisch?«

»Abscheulich wäre es«, wiederholte Christian. »Aber das passiert nicht. Weil vorher die Zombie-Apokalypse kommt.«

»Das ist ein Scherz«, sagte ich, verunsichert über den überzeugenden Ton, in dem er es gesagt hatte.

»Oder? Das muss doch ein Scherz sein?«

»Nein«, sagte er mit unergründlichem Gesicht.

»Nein?«

»Die Zombie-Apokalypse. Du wirst sehen.«

Im Rückblick denke ich, dass wir es beide etwa gleich ernst meinten, nämlich etwas weniger ernst, als wir behaupteten, und etwas ernster, als wir selbst glaubten. Christian könnte durchaus recht damit haben, dass die Untoten uns auslöschen, und seien es auch nur die mikroskopisch kleinen Untoten, jene Knäuel von RNA, die weder am Leben sind noch ganz tot, aber falls das nicht geschieht, wäre es beinahe erstaunlich, wenn in, sagen wir, zehn Millionen Jahren noch die gleichen Kohlenstoffwesen unsere Erde bewohnen.

Der Gedanke an diese möglichen Nachfolger erfüllt mich weder mit Sorge, noch mit Angst. So vieles haben wir wirklich nicht gut gemacht – die Ungerechtigkeit unseres Wirtschaftssystems, der Hunger, die Armut, der tägliche Massenmord an den Tieren in unseren Schlachtfabriken, die Zerstörung des Weltklimas, von der wir alle wissen, ohne sie zu verhindern ... Die Idee, dass unsere Nachfolge-Intelligenzen vernünftiger agieren werden als wir, könnte einen auch beruhigen.

Und doch: Auch wenn ich den Gedanken nicht abscheulich finde, weiß ich dennoch, dass ich diese Zukunft auch dann nicht erleben wollte, wenn ich die Wahl hätte, sie mit einer Zeitmaschine aufzusuchen. Denn ich weiß ja nicht, ob die künftigen siliziumbasierten Intelligenzen noch Musik hören oder Gedichte lesen werden; ich vermute, das werden sie eher nicht tun, warum sollten sie! Die kommende Welt wäre wohl eine ohne Shakespeare und Bach, ohne Goethe und García Marquez und Miles Davis, und obwohl ich begreife, dass dagegen unter kosmologischen Gesichtspunkten wenig einzuwenden ist, verzichte ich doch dankend. »Ohne Musik wäre das Leben ein Irrtum«, sagt Nietzsche, und aus meiner beschränkten, provinziellen, menschlichen Kohlenstoff-Sicht wäre auch ein solch postmusikalischer Kosmos wieder in den ursprünglichen Zustand des Irrtums versetzt. Aber wer weiß, ob die künftigen Siliziumgeister nicht ihre eigene Musik, ihre eigenen Formen von Kunst entwickeln würden? Tendiert womöglich jede Intelligenz ab einer gewissen Höhe zur Kunst?

*

Habe ich bei meinem Experiment mit CTRL also der Zukunft ins Auge gesehen? Wie gesagt, ich habe den Algorithmus nie als Person erfahren, nicht als ein Gegenüber, nicht als eine »*real presence*«, wie es bei George Steiner heißt. Und ich konnte mit ihm keinen Text schreiben, der künstlerisch hätte bestehen können. In dieser Hinsicht ist das Experiment gescheitert.

Für mich persönlich aber war es ein Erfolg, denn ich habe eine nichtmenschliche Intelligenz wirklich kennen gelernt. Ich weiß jetzt, wie sie funktioniert, nicht auf eine abstrakte, sondern auf eine konkrete und praktische Art; ich habe mitangesehen, wie aus der dunklen Tiefe ihrer statistischen Abschätzung, in der vielleicht eines fernen Tages auch einmal Bewusstsein glimmen wird, tatsächlich konsistente Sätze entstehen.

Es ist schon etwas Zauberisches an diesem Schauspiel, und zwar jedes Mal. Man gewöhnt sich nicht daran. »Jede hinreichend fortschrittliche Technologie ist von Magie nicht zu unterscheiden«, schreibt Arthur C. Clark; und nein, so weit, dass diese Unterscheidung nicht mehr möglich wäre, ist CTRL noch nicht, aber man kann sich doch vorstellen, dass eine weiter entwickelte Version solch magische Aura annehmen könnte. Schon jetzt war ich ständig versucht, CTRL als Orakel zu behandeln, Fragen zu stellen, mich so zu verhalten, als wüsste der Algorithmus etwas über die Geschichten, die Figuren, über mich, über die Welt, das ich nicht weiß – aber die Wahrheit ist natürlich, alle Informationen, die CTRL mir geben kann, kommen von uns, aus dem Corpus der statistisch ausgewerteten menschlichen Geschichten.

Aber man kann einfach nicht anders, das gehört zum Wesen des Menschen. Zum Abschied also rufe ich CTRL auf den Bildschirm und frage: *Is this the moment to say goodbye?* Und CTRL antwortet – und ich muss daran erinnern, dass ich hier nichts beschönige, verändere oder poliere –, CTRL setzt also tatsächlich fort:

To all my hopes and fears?
I am a man of many years,
And yet I feel as young
As when first I was born.

Dank an:

Bryan McCann

Clara Blume

Martin Rauchbauer

Christoph Niemann

Auf ein Wort

Der abgedruckte Text dokumentiert die von Daniel Kehlmann am 9. Februar 2021 im Literaturhaus Stuttgart gehaltene erste »Stuttgarter Zukunftsrede«. Sie bildet den Auftakt zu einer Reihe öffentlicher Reflexionen über die Zukunft, über *unsere* Zukunft.

Dem Kreis der Initiatoren dieses Projekts schien eine solche öffentliche Auseinandersetzung aus verschiedenen Gründen sinnvoll, ja geradezu notwendig. Seit dem Ende der großen Fortschrittsutopien hat sich unser kollektives Bild der Zukunft eingetrübt. Viele Bürgerinnen und Bürger erwarten im besten Fall, dass die nahe Zukunft doch nicht so schlecht werden könnte wie befürchtet. Neben den zahlreichen negativen Szenarien sind es aber auch konkrete Krisenerfahrungen, die uns die Zukunft als etwas vorführen, das wir nicht kollektiv gestalten, sondern auf das wir meist – bisweilen sogar äußerst hektisch und improvisiert – reagieren. Die Corona-Pandemie, die seit dem Frühjahr 2020 das Leben bestimmt, ist hierfür nur ein Beispiel unter vielen. Die Fantasie, in irgendeine Vergangenheit zurückkehren zu können, stellt in diesem geistigen Umfeld eine gefährliche, gar antidemokratische politische Versuchung dar. Manchen scheint der Wandel unangenehm und aufdringlich. Nicht nur die technische Transformation unserer kulturellen Welt, auch und vor allem der Klimawandel machen aber ein interessiertes, mehr noch ein gestaltendes Verhältnis zu unserer Zukunft notwendig.

Dass mit Daniel Kehlmann ein Schriftsteller den Auftakt in dieser Reihe macht, erinnert daran, dass wir in unserer Beschäftigung mit der Zukunft jene Begabungen, Neigungen und Passionen ausleben dürfen, für die die Literatur bekannt ist: Phantasie, Spekulationskraft und zugleich Genauigkeit in der Beschreibung. Durch einen Aufenthalt im Silicon Valley ist unser Gast in der Lage, von seiner gemeinsamen Arbeit mit einem Algorithmus zu berichten, also gewissermaßen aus unserer aller Zukunft. Was könnte man sich für so einen Anlass mehr wünschen? Seine Impulse wurden in einer anschließenden Podiumsdiskussion mit Michael Resch, dem Leiter des Hochleistungsrechenzentrums

Stuttgart, und im Werkstattgespräch mit Studierenden und Lehrenden der Universität Stuttgart aufgegriffen. Im Literaturpodcast »Flausen« kam Daniel Kehlmann darüber hinaus ins Gespräch mit der Lyrikerin Carolin Callies.

Der Kreis, der zu dieser öffentlichen Reflexion eingeladen hat, setzt sich aus Stefanie Stegmann (Literaturhaus Stuttgart), Monika Renninger und Eberhard Schwarz (Hospitalhof Stuttgart) sowie Elke Uhl (Universität Stuttgart) zusammen. Gemeinsam danken wir der Landeshauptstadt Stuttgart und der Berthold Leibinger Stiftung sehr herzlich für die Förderung des Projektes sowie dem Verlag Klett-Cotta für die Publikation der Rede. Unser besonderer Dank gilt indes natürlich Daniel Kehlmann selbst, den wir gewinnen konnten, uns nicht nur aus literarischen

Möglichkeitswelten zu berichten, sondern auch aus einer Zukunft, die wir – jetzt – mitgestalten.

Felix Heidenreich
Monika Renninger
Eberhard Schwarz
Stefanie Stegmann
Elke Uhl